动物园里的朋友们

（第一辑）

我是大熊猫

［俄］叶·希夫林 / 文

［俄］玛·沙莫娃 / 图

于贺 / 译

江西美术出版社

全国百佳出版单位

大熊猫的体重约是你的

4倍，所以才被叫作"大"熊猫。

我是谁?

听说你想认识我一下,这可真是太好了!我都已经在这本书里等你很久了,因为我想亲自介绍一下自己,这次可没有那些作家或科学家的说教,他们中还有许多人至今没有搞明白我是属于熊家族还是浣熊家族。在浣熊中似乎也生活着像我这样的"巨型"美女。当然,我希望你能毫不犹豫地相信,我和熊朋友们最相像了,只是他们,要么是生活在冰天雪地里的白熊,要么是生活在森林中的棕熊,而我们大熊猫可是黑白相间的呢!就拿我来说吧,我有一个黑色的领子,还戴着毛皮制成的黑色眼镜,我认为这要比单纯的白熊或棕熊美丽一千倍。

我们的居住地

　　听到我说我也是中国人时，你大概会目瞪口呆吧。"呃……"如果你说，"只有人类家族里才有中国人！"好吧，那我就不争辩了。我的其他亲戚生活在世界各地，只有我们大熊猫生活在中国，换句话说，我们大熊猫是中国才有的动物。我还没有参加过人口普查呢，但从一些聪明的人类朋友口中听说，在野外的大熊猫家族里，我的伙伴只剩下不到1600只。

　　显然，当大熊猫的数量只能用"几只"来计算时，我真的很难过。我们家族的人口越来越少，可我又能做些什么呢？中国动物园的大熊猫是不能被转送或出售到其他国家的动物园的，但是可以让我们借住在别的国家，直到我们和当地城里的居民都成为朋友。

自然界中的大熊猫大约可以活到 15 岁，而在动物园里它们一般能活到 25 岁以上。

大熊猫的尾巴长约 **12** 厘米。

我们的皮毛

　　实际上我非常谦虚，我从不与其他人攀比谁更强大呀，谁更聪明呀，谁更漂亮呀。因为这些问题的答案已经显而易见了。

　　首先，我穿着非常厚实温暖的皮毛大衣，这样我就不会被冻僵了。我还没有讲到我的尾巴，它可是熊类动物里最长的呢。即使是喜马拉雅熊，他的尾巴也只是一个绒球而已，而不是像我一样有着长长的尾巴。当然，我的尾巴不像孔雀那样惹人注目，可我觉得他们身后华丽的尾屏可比不上我们大熊猫聪明的脑袋。

一些学者认为，黑白色有助于

大熊猫相互辨认。

大熊猫的每颗牙齿
都比你的
大 **7** 倍。

8

我们的牙齿和爪子

　　我当然不会随身携带小镜子，因此只有当雨水积成一个小水洼时，我们才能好好地梳妆打扮一番。但是不照镜子我们也可以刷牙，40颗牙齿每颗都不能漏掉，要一颗一颗认真地刷干净。既然我是世界上最聪明的动物，那牙齿肯定都是智齿啦。

　　遗憾的是，在这本书里我们没机会握手。当然，如果可以，我会向你伸出有肉垫的"手掌"。我的"手掌"长有"第六根"手指，其实是一个没有骨头的肉垫，这有助于我用爪子夹住竹子。你喜欢我的"第六根"手指吗？好吧，我知道有人觉得它没有用，但又不好意思说出口。

大熊猫的指甲有 **4** 厘米长。

我们的气味

　　顺便再说一说我们聪明的脑袋，我已经不知道这是说第二遍还是第三遍了。哈哈，这不重要。我从来都不害怕迷路，因为我早就想办法在我来的路上做了标记。嘘……让我悄悄地告诉你，我可以把自己的气味留在那里。没错！我的伙伴们总能通过气味来认出对方。那这是为什么呢？这可需要花不少时间来解释，但我可以特别自信地告诉你，我们汗水的味道是与众不同的。也就是说，我们出汗的时候，会有意地把气味留在周围以免迷路。当我们去朋友家做客时，都不需要喷香水了，因为我们的汗水比香水更好闻。我们能想象得出来，那些一做完运动就要马上洗澡的人该多么羡慕我们呀，要是没有香体剂，人类的汗水可不太好闻。

大熊猫身上的气味会在一种特殊的
树木上留下标记，是不是很像
电线杆上的小广告呢？

大熊猫的视力不太好，
它们从小就是近视眼。

我们的感官

实际上，我可不喜欢有人当面议论我，特别是在我面前窃窃私语。没错，我的视力不太好，永远都没有老鹰那样尖锐，但我耳朵听得可是一清二楚哦。现在你试着用非常小的声音说："二十五。"不不不，再小点儿声。现在，你如果问我是否能听到你刚才说的话。我的回答是："当然能听到！你说的是二十五，对吗？"不，我可不是猜的，我是真的听到了！就算你的声音再小一点儿我也能听到。

敏锐的嗅觉可以帮助大熊猫
找到最新鲜多汁
的竹子。

我想成为谁？

你知道我最喜欢做什么吗？喂，不要再说是吃竹子啦！我都已经有竹子了。哎哎哎，人家的竹子去哪里啦？

喏！看，这不就抱在我的前爪里嘛！其实我最喜欢做的事情就是什么事情都不做，就像现在这样。但是如果问我想选择什么职业，我肯定会想成为一名守门员，因为我的前爪能抓住任何东西：扔出去的皮球、一大碗食物，连最细的竹竿都不在话下。

可能我需要换个姿势了，我发现我的左腿有点儿发麻。每次聊起关于自己的事情时，我一般都会跷着二郎腿，这次是我的右腿压在左腿上面。虽然我的猫朋友们自诩是动物界中最灵活、最优雅的，但毫不夸张地说我可以做的动作他们也只能想想罢了。实际上，我更喜欢倚着树干席地而坐，可以像坐在沙滩椅上一样懒散，但这个姿势会让我很想睡觉，这可怎么办才好呀？我们大熊猫大概是世界上最神奇的动物了，关于我们家族的故事，我还远远没有讲完呢！

狗熊飞奔，大熊猫小跑。

我们的食物

我真是想象不出来，冰天雪地里的北极熊朋友一整天都在做什么，我甚至都不知道他们那里能不能正常吃东西。例如，我住在竹林里，早上可以在床上吃早餐——一伸手就能够到鲜嫩多汁的竹子——这样早餐就准备好了。是的，我从不躺着吃东西。父母教导我吃饭就要有吃饭的样子，只能坐着吃，我用前爪小心地抓着食物，这样就没人能来和我抢吃的了。

我再问一句，你知道为什么人们用"狼吞虎咽"来形容胃口大开吗？拿我来说吧，我每天可以吃 18 千克的竹子，这相当于两桶米粥。但是那些粥怎么能比得上我甜美多汁的竹子呢！

有时候大熊猫也会吃一点儿肉类、谷类、蛋类，还有蔬菜和水果。

我们的家

当然，你看到我这圆滚滚的身材可能会觉得我是一只贪吃鬼，但如果说我是小懒虫，那我就要不开心了！老实说，我整个冬天都像其他熊一样一直在睡觉，想想就觉得要找个地缝钻进去。无论周围有什么奇闻异事，都不会把我吵醒，说不定会睡上半辈子呢。嗯，这都不是什么新鲜事了。对我来说饮用普普通通的水就像你们人类喝葡萄酒一样：如果我真的很累了，我能喝下一整个池塘的水，然后睡得昏天黑地，甚至是雷打不动。

我还忘记了一点，如果你想到竹林里来我这儿做客，老实说我还真的不知道应该在哪里招待你。

如果只是为了躲避恶劣天气而建造一座房子，那对我来说真的是毫无意义。最后我想说，我还没娇气到非得避开那令人烦闷的降雨才出去遛弯。平时也没人规定我几点回家，只要想出去，我就可以随时去散步！

竹子的高度大约是大熊猫身长的

2.5倍。

我们的熊猫宝宝

　　这真的很有趣，还有人记得自己出生时是什么样子吗？没有吧！对呀，那你能记住的最早的事情是什么呢？就拿我自己来说，我还清楚地记得在我第一次自己品尝竹子之前妈妈给我喂奶的场景。我出生的时候，还没有一杯水重——试试打开水龙头接一杯水，再把它拿在手里掂一掂。是不是不太重呀？要不是喝妈妈的奶，我永远不会长得这么快。这都是因为妈妈几乎每天要给我喂 14 次奶，这样一来我的胃也逐渐适应。而且每次喝奶，妈妈都至少要喂我半个小时，因此我从小就适应了慢慢地品尝食物。

熊猫宝宝在 **3** 个月时就可以自己走路了。

大约 **50** 年前
就开始禁止
猎杀大熊猫。

22

我们的天敌

在和你说再见之前，我想再炫耀一下。事实上，我并没有天敌，因为无论怎样我都不知道该如何争吵、打架。曾祖母告诉我，很久很久以前，我们家族就和老虎家族势不两立了，不过现在的情况似乎已经好了许多，只是不会互相串门而已。

好吧，要说再见了。虽然我也不想……在向你挥手之前，我想请你转告所有大人朋友们，请不要把我们当作敌人呀。我们家族的人口已经很少了。在我们的家，也就是中国，人们将我们视作国宝。

总之，你应该也懂得，我只想安安静静地待在竹林里，或者无拘无束地生活在动物园里。我可永远不想看到人类朋友拿着枪对准我们呀！

大熊猫在野外的敌人有豹子和豺狼。

你知道吗？

大熊猫的身份一直是个谜：它们是由谁进化而来的？又和哪些动物有亲缘关系？

目前都是未知的。

时至今日，尽管已经寻找了100多年，科学家还是未能找到大熊猫的近亲生物，什么都没有发现。到目前为止，动物学家认为生活在南美洲的眼镜熊与大熊猫是亲缘关系最近的生物，但这也是目前仅有的研究结果。10年之后科学家们又会有怎样的发现呢？让我们拭目以待吧！

大熊猫可能是地球上最古老的熊科动物。或许，其他种类的熊是由大熊猫进化而来的。这都很难说。

和大熊猫做了几千年朋友的中国人，也不太清楚他们到底是在与谁打交道。中国人曾称大熊猫为猫熊、竹熊、黑白熊、银狗，甚至还称它们"食铁兽"。

这些中文名字的发音各不相同，而且都和"Panda"一词毫无共通之处。

研究大熊猫时，动物学家们在它们身上不仅找到了熊和浣熊的特征，还发现了猫、貂，甚至人类的特点。然而其他种类的熊猫（如小熊猫）的特性在大熊猫身上却并没有被发现。

大熊猫的英文现代学名由拉丁语演变而来，意思是"黑白猫熊"。

在很久很久以前，大熊猫浑身都是白色的，每天开开心心地生活着。然而有一天它们的心情突然变糟了——这种事情谁都有可能碰上，包括你在内。于是这些伤心的大熊猫们开始哭泣，用爪子擦拭流下的泪水。

但在擦眼睛之前它们并没有洗爪子，
脏脏的爪子抹脏了自己的脸，
眼睛四周也出现了黑黑的眼圈。

它们安慰着对方，互相抚摸着脑袋，紧紧地抱在一起——脏脏的爪子又抹脏了自己和伙伴们的耳朵、肩膀……这样一来，它们就变成了黑白相间的样子，就像我们现在看到的这样。当然，这只是古时候的中国人编造出来的传说。那为什么大熊猫是黑白相间的毛色呢？这就是另外一个谜团了。也许它们是为了伪装：虽然现在大熊猫没有敌人，但在以前可是有不少呢！

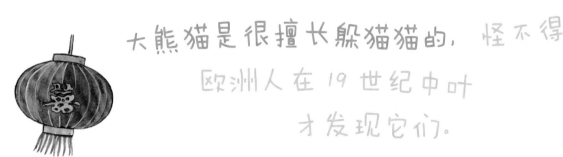

大熊猫是很擅长躲猫猫的，怪不得
欧洲人在 19 世纪中叶
才发现它们。

要知道大熊猫可没有老鼠那么小的体格，那这么大的块头是怎样做到不被发现的呢？当然，中国人已经认识它们很久了，但大熊猫却从来都没有受到外国来客的关注。当大熊猫最终被发现的时候，欧洲人起初根本就不相信这种动物的存在，这么庞大的动物是怎么不被发现的呢？

此外，虽然外国科学家很喜欢给所有
动物——进行分类——种、属、科……
但是他们却拒绝给身份神秘的
大熊猫进行分类。

可能是大熊猫知道如何讨取人类朋友的欢心。科学实践表明，如果向一个人展示大熊猫的照片，它至少会开心地微笑。如果看到一只真正的大熊猫，那它至少会微笑半个小时。如果是一只熊猫宝宝，嗯，一般来说，这可能会让它开心一整天，甚至是到半夜心情都很愉快。

根据吉尼斯世界纪录的记载，
大熊猫是最有魅力的野生动物。

很遗憾，大熊猫的数量已经很少了。因此，中国人像爱护眼睛一样爱惜它们，甚至在保护区建立了专门的大熊猫育婴园。熊猫宝宝们会被带到户外，在它们嬉戏、打滚儿、拥抱、晒太阳时都有人看护着它们，玩够了就带它们回到自己的房间，你难道不觉得这是世界上最幸福的工作吗？

熊猫宝宝们是很容易相处的，
然而长大一点的大熊猫就会变得
内敛一些，态度也变得矜持起来。

当然它们一点也不坏，对待人类真的非常友好。可它们也不是无一例外地信任所有人，大熊猫虽然可爱，但毕竟也是一种野生动物，所以和它们做朋友时也要小心一些。这个看起来善良无邪、笨手笨脚的"肉球"，实际上行动起来十分迅速敏捷，甚至有时也会对人类产生威胁，就像……好吧，像熊一样。尽管如此，它们也乐意让人类朋友抚摸自己，一起玩耍嬉戏——和人类熟悉之后，它们还是很友善的。

大熊猫在玩耍时特别"专心"，可能会不
小心咬伤、擦伤，甚至把同伴按在墙上，
但这些并不是有意的，它们只是有时
拿不准自己的力气。

大熊猫能很快记住自己的名字，如果它们愿意的话。有时在听到自己的名字后还会立即跑过来——当然，这都取决于它们当时的心情。然而，它们不仅自己能被驯化，还知道如何"驯服"人类朋友。曾经在中国发现了一个被野生大熊猫抚养长大的小男孩，目前尚不清楚他是如何被大熊猫"收养"的，可能是在森林里迷了路。

大熊猫在收养他后，教给他的都是大熊猫家族的技能：用四肢走路、舔舐身子保持清洁、以竹子为食。

当这个小男孩回到人类社会后，起初他无论如何也不愿意重新习惯其他的食物——给他竹子就足够了！不过最后，他同意尝试人类的食物，也爱上了它们。后来他站起来学会了用双腿行走，学会了用肥皂和水洗澡，甚至还学会了中文。

在成都有一个大熊猫培育基地。

为了让成年的大熊猫可以重新回归大自然，保护区的工作人员努力避免让它们对人类朋友的照料产生依赖。因此，工作人员在开始工作之前会脱掉自己的衣服，换上黑白色的大熊猫服装，并且这样穿一整天。

穿着特制的工作服当然很热，但这是为了让熊猫宝宝们学会习惯周围没有人类、清一色都是"大熊猫"伙伴的环境，虽然这看起来有些奇怪。

其他国家的朋友都很羡慕中国人——要知道除了中国，在其他国家和地区，这些憨态可掬的大熊猫已经不复存在了！几乎每个人都梦想拥有一只属于自己的大熊猫，你应该也这么想过吧！很久之前，就有过这样幸运的人，因为古时候中国的皇帝可以将大熊猫作为礼物赠予他人。

当然啦, 只有非常重要的人物才能获得这份厚礼, 比如说日本的天皇是第一位收到大熊猫作为礼物的人。

可能你都想象不到, 这次赠礼是在很久很久以前, 大约在 7 世纪。但近 30 年来, 所有大熊猫, 即使是那些生活在中国境外的, 仍然是中国国籍——中国不会把它们赠送或售卖给任何人。要想得到它们, 就只能租借了, 租金可是相当高的哦!

世界上的大熊猫无一例外永远都是中国国籍。

不仅如此, 即使它们在中国境外生下熊猫宝宝, 刚出生的熊猫宝宝也会被自动授予中国国籍。而且在大熊猫年迈之后, 肯定会返回故乡, 回到自己父母的家乡。当然, 它们所借住的动物园会非常舍不得让它们离开, 但又能怎么办呢? 大家都要遵守规则呀。

熊猫宝宝在刚出生的时候全身皮肤是粉红色的, 带有白毛。大约一周后它们身上开始出现黑色斑点。

直到 2000 年, 才有人关注那些在动物园里出生的熊猫宝宝的"国籍问题"。大熊猫对被迫抚养熊猫宝宝表现得非常抗拒, 就算在野外, 它们也并不想建立自己的家庭: 显然, 大熊猫很享受这种高傲的孤独感, 不需要任何同类的陪伴。

一些学者认为, 大熊猫这种古怪的行为方式可能与它们的饮食方式有关——它们是唯一一种食草类熊科动物。

一辈子只吃一种食物，这可能很无趣。在动物园里，工作人员努力尝试着给大熊猫投喂其他可口的食物——甘蔗、米粥、特制的健康饼干、胡萝卜、苹果，还有红薯……

虽然大熊猫朋友总是很乐意尝试新的食物，但始终都还是离不开竹子。

那么，如何能够依靠如此贫瘠、单调的植物饮食生存下去，并且长得讨人喜爱呢？这是大熊猫家族的另一个谜。可大熊猫真是太可爱了，难怪在所有的动物园中大熊猫的围栏外聚集的游客是最多的。

所有动物园都梦想得到属于自己的大熊猫。

大熊猫是中国的国宝。世界自然基金会（WWF）的标志就是根据大熊猫的形象设计而成，该基金会致力于拯救濒危动物。

现在你应该清楚谁是世界上最可爱的动物了吧！当然就是让人看一眼就会爱上、身份又有些神秘的大熊猫了！

喏！就要说再见了，让我们拥抱一下吧！啊！忘记和你说我的习惯了，我从不会说"告别吧"，我只说"再见"！

让我们在中国见面吧！或者也可以在动物园里。

动物园里的朋友们

本套书共三辑，每辑 10 册，共 30 册。明星作者以第一人称讲故事的形式，展现每个动物最与众不同、最神奇可爱的一面，介绍了每种动物的种类、生活环境、形态特征、生活习性等各方面。让孩子们足不出户也能了解新奇有趣的动物知识。

第一辑（共 10 册）

 我是企鹅
 我是狐狸
 我是刺猬
 我是老虎
 我是蝙蝠
 我是山羊

 我是松鼠
 我是狮子
 我是北极熊
 我是大熊猫

第二辑（共 10 册）

 我是海豚
 我是河马
 我是猫
 我是蛇
 我是长颈鹿
 我是驼鹿

 我是蚊子
 我是蝴蝶
 我是浣熊
 我是麝鼹

第三辑（共 10 册）

 我是小熊猫
 我是大象
 我是长尾猴
 我是斗牛犬
 我是考拉
 我是树懒

 我是袋熊
 我是蚂蚁
 我是老鼠
 我是臭鼬

图书在版编目（CIP）数据

　　动物园里的朋友们. 第一辑. 我是大熊猫 /
（俄罗斯）叶·希夫林文 ; 于贺译. -- 南昌 : 江西美术
出版社, 2020.11
　　ISBN 978-7-5480-7508-0

　　Ⅰ. ①动… Ⅱ. ①叶… ②于… Ⅲ. ①动物—儿童读
物②大熊猫—儿童读物 Ⅳ. ①Q95-49

　　中国版本图书馆CIP数据核字(2020)第070943号

版权合同登记号 14-2020-0158

Я большая панда
© Shifrin E., text, 2016
© Shamova M., illustrations, 2016
© Publisher Georgy Gupalo, design, 2016
© OOO Alpina Publisher, 2017
The author of idea and project manager Georgy Gupalo
Simplified Chinese copyright © 2020 by Beijing Balala Culture Development Co., Ltd.
The simplified Chinese translation rights arranged through Rightol Media (本书中文简体版权经由锐拓
传媒旗下小锐取得Email:copyright@rightol.com)

出 品 人：周建森
企　　划：北京江美长风文化传播有限公司
策　　划：巴拉拉
责任编辑：楚天顺 朱鲁巍
特约编辑：石　颖 吴　迪 王　毅
美术编辑：童　磊 周伶俐
责任印制：谭　勋

动物园里的朋友们（第一辑） 我是大熊猫
DONGWUYUAN LI DE PENGYOUMEN(DI YI JI) WO SHI DAXIONGMAO

[俄]叶·希夫林 / 文　[俄]玛·沙莫娃 / 图　于贺 / 译

出　　版：江西美术出版社		印　　刷：北京宝丰印刷有限公司	
地　　址：江西省南昌市子安路 66 号		版　　次：2020 年 11 月第 1 版	
网　　址：www.jxfinearts.com		印　　次：2020 年 11 月第 1 次印刷	
电子信箱：jxms163@163.com		开　　本：889mm×1194mm 1/16	
电　　话：0791-86566274 010-82093785		总 印 张：20	
发　　行：010-64926438		ISBN 978-7-5480-7508-0	
邮　　编：330025		定　　价：168.00 元（全 10 册）	
经　　销：全国新华书店			